BEI GRIN MACHT SICH IHR WISSEN BEZAHLT

- Wir veröffentlichen Ihre Hausarbeit,
  Bachelor- und Masterarbeit

- Ihr eigenes eBook und Buch -
  weltweit in allen wichtigen Shops

- Verdienen Sie an jedem Verkauf

Jetzt bei www.GRIN.com hochladen
und kostenlos publizieren

Moritz Brand

Washington, Canberra, Lingang - Am Reißbrett geplante Städte

Stadtplanungskonzepte im Vergleich

GRIN Verlag

Bibliografische Information der Deutschen Nationalbibliothek:

Die Deutsche Bibliothek verzeichnet diese Publikation in der Deutschen National-
bibliografie; detaillierte bibliografische Daten sind im Internet über http://dnb.d-
nb.de/ abrufbar.

Impressum:

Copyright © 2010 GRIN Verlag, Open Publishing GmbH
Druck und Bindung: Books on Demand GmbH, Norderstedt Germany
ISBN: 978-3-640-84419-7

Dieses Buch bei GRIN:

http://www.grin.com/de/e-book/166488/washington-canberra-lingang-am-reissbrett-
geplante-staedte

Inhaltsverzeichnis

1.	Einleitung	Seite 1
2.	Washington – Eine Hauptstadt für die Ewigkeit	
	2.1 Die Geschichte Washingtons	Seite 2
	2.2 Der L'Enfant Plan	Seite 3-4
	2.3 Der McMillan Plan	Seite 4
	2.4 Washington Heute	Seite 5
3.	Canberra – Stadtentwicklung im Angesicht vieler Probleme	
	3.1 Walter Burley Griffins Konzept	Seite 6-7
	3.2 Die Bauphasen	Seite 7-8
	3.3 Heutige Situation der Stadt	Seite 8-9
4.	Lingang New City – Die Stadt aus dem Tropfen	
	4.1 Modernes Konzept einer Stadtneugründung	Seite 9-10
	4.2 Die Bedeutung von Wasser in Lingang	Seite 10-11
	4.3 Heutige Einschätzung des Projekts	Seite 11
5.	Schlusswort	Seite 12
6.	Literaturverzeichnis	Seite 13
7.	Anhang	Seite 14-29
8.	Die Erklärung	Seite 30

<u>1. Einleitung</u>

Im Sommer 2003 besuchte ich mit meinen Eltern, die beide als Architekten tätig sind, eine Ausstellung des Architekturbüros GMP (Gerkan, Marg und Partner) in Hamburg. In dieser Ausstellung wurde das bis dato einzigartige Stadtkonzept der Stadt Luchao (heute: Lingang New City) vorgestellt: Eine Stadt nach dem reinen Design einer Gruppe von Architekten. Dieses Thema imponierte mir, und durch das, bei der Ausstellung erstandene Buch sowie viele Architekturmagazine wurde meine Aufmerksamkeit immer wieder auf das Thema Stadtplanung gezogen: Ich fragte mich, auf welche Faktoren Acht zu geben sei, wie die Verkehrsplanung aussah und wie viele Freiheiten einem Architekten bei der Gestaltung einer solchen Stadt noch blieben. Als es dann zur Wahl eines Themas für die Facharbeit kam, war mir schnell klar, dass ich mich, jetzt da mir die Gelegenheit gegeben wurde, mit diesem Thema beschäftigen würde:

Als Beispiele, um diese Thematik darzustellen, suchte ich Washington D.C., Canberra und Lingang New City aus. Zum einen stammen diese drei Beispiele aus absolut unterschiedlichen Zeitpunkten und sind auf jeweils anderen Kontinenten gelegen. Zudem ist Canberra nach einem Konzept entstanden, dass teils auf dem von Washington aufbaut und ebenfalls entworfen wurden, um die Hauptstadtfrage einer Nation zu klären. Trotzdem wird sich im Folgenden herausstellen, dass beide Städte eine sehr unterschiedliche Entwicklung hinter sich haben. Das Projekt Lingang New City stellt hingegen ein neuartiges Konzept dar, über dessen Erfolg heute noch nicht geurteilt werden kann, da die Entwicklung der Stadt erst in Jahrzehnten abgeschlossen werden sein wird. Außerdem ist die Stadt durch ihren heutigen Fortschritt erst in der Lage einen Bruchteil der geplanten Einwohnerzahl zu beherbergen.

Die zentrale Frage ist hierbei, welche Problematiken eine Stadtneugründung zu durchgehen hat und ob es möglich ist als einzelner Architekt, bzw. Architekturbüro eine Stadt soweit zu planen, dass Infrastruktur, Wohnräume, Gewerbe- und Industrieflächen so verknüpft sind, dass sie ein problemloses Zusammenspiel erlauben. Zudem ist zu prüfen, ob eine „am Zeichenbrett enstandene Stadt" einen Charakter entwickeln kann, wie eine Stadt die durch ihre Bevölkerung geprägt wurde und nicht durch einen festen Plan.

2. Washington – Eine Hauptstadt für die Ewigkeit

2.1 Die Geschichte Washingtons

Bis zu Beginn des Unabhängigkeitskrieges war Philadelphia zweifelsohne die Hauptstadt der USA. Als britische Truppen die Regierung jedoch aus ihrem Sitz vertrieb, musste eine Stadt gefunden werden, die als neue Hauptstadt dienen sollte. Daraufhin zog die Hauptstadt in schneller Folge häufig um: Lancaster, York, Philadelphia, Princeton und schließlich Annapolis, wo 1783 der Friedensvertrag mit England unterschrieben wurde. Daraufhin flammte die Diskussion um den Ort der Hauptstadt auf: Neben New York und Philadelphia, das sich „nach wie vor für die natur- und gottgewollte Kapitale"[1] hielt, bewarben sich noch 40 weitere Städte. Darunter auch die von Krefelder Einwanderern bewohnte Gemeinde Germantown in Pennsylvania. Die Frage, ob die neue Hauptstadt auf dem Territorium der Süd- oder Nordstaaten errichtet würde, sorgte für heftige Diskussionen. George Washington, der damalige Präsident der Vereinigten Staaten, setzte sich dafür ein, eine Stadt zwischen dem Fluss Potimac, zwischen Virginia und Maryland zu errichten. Die Nordstaatler wollten ihre Hauptstadt nicht derart weit im Süden sehen. Schließlich wurde eine Einigung gefunden: Die nötigen Stimmen der Nordstaaten wurden gegen fehlende Stimmen für einen Plan des Finanzministers Hamilton zur Tilgung von Kriegsschulden getauscht[2]. Somit stand einer Errichtung der Hauptstadt in einem Gebiet der ehemaligen Sklaverei nichts mehr im Wege. Daraufhin machten sich Präsident Washington und der spätere Präsident Thomas Jefferson auf die Suche nach der genauen Auslegung zur Errichtung der Hauptstadt. Diese endete auf ein 26 Quadratkilometer großes Gebiet, das ihnen von den Staaten Maryland und Virginia überlassen wurde und in unmittelbarer Nähe zu Washingtons Anwesen lag, was ihm die Entscheidung erleichterte („lag dieser Ort doch quasi vor seiner Haustür"[3]). Doch auch Thomas Jefferson war der festen Überzeugung, dass dieser Ort ein sehr geeigneter sei. Der nächste Schritt war die Wahl eines Architekten, der in der Lage war, eine Hauptstadt für die Ewigkeit zu entwerfen. Beauftragt wurde der Französische Baumeister Pierre Charles L'Enfant, der durch einen „grandiosen Entwurf für die City Hall in New York auf sich aufmerksam gemacht hatte"[3].

---

[1] Gerste, Roland ; S.3
[2] Metzler, Felix; S.59
[3] Gerste, Roland; S.4

<u>2.2 Der L'Enfant Plan</u>

Der junge Franzose, der mit 22 Jahren der französischen Hof verlassen hatte, um den Pionierkorps des amerikanischen Militärs zu dienen, realisierte schnell, welch große Karriere nun vor ihm stand und arbeitete in elf Monaten einen Plan heraus, in dem Grundideen der aufklärerischen Elemente Paris' zu finden waren[4]. Die ganze Stadt orientiert sich an zwei Achsen, die rechtwinklig zueinander stehen[5]: Die Straßen wurden

rechtwinklig in einem Schachbrett-Muster angelegt. Vertikal verlaufende Straßen wurden von Osten nach Westen mit aufsteigenden Nummern benannt (1st Street, 2nd Street etc.). Horizontal verlaufende Straßen bekamen Buchstaben (A Street, B Street etc.). Zudem durchzogen diagonale Avenues die Stadt. Diese wurden nach Bundesstaaten der USA benannt (Pennsylvania Avenue, New York Avenue etc.)[6]. Diese Avenues sollten eine besondere Bedeutung erhalten:

> "L'Enfant specified in notes accompanying the plan that these avenues were to be wide, grand, lined with trees, and situated in a manner that would visually connect ideal topographical sites throughout the city, where important structures, monuments, and fountains were to be erected. On paper, L'Enfant shaded and numbered 15 large open spaces at the intersections of these avenues and indicated that they would be divided among the states. He specified that each reservation would feature statues and memorials to honor worthy citizens"[7]

Die Avenues sollten Prachtstraßen werden: groß, breit und mit Bäumen bepflanzt. Dazu kam ein Platz an jeder der 15 Kreuzungen, die je ein Bundestaat mit einem Denkmal für eine besondere Persönlichkeit verzieren durfte. Ausgehend von den beiden wichtigsten Gebäuden, dem Kapitol und dem Weißen Haus, verliefen sie strahlenförmig. Der Hauptsitz der Regierung sollte zentral in der Stadt am Ufer des Potomac angelegt wer-

---

[4] Hesse, Michael; S.97
[5] Hegemann, Werner; S.285
[6] Gerste, Roland.; S.5
[7] U.S. National Park Service; S.2

den. Das weiße Haus im Norden und das Kapitol im Osten sollten durch eine rechtwinklig angelegte Gründfläche (die Mall) verbunden werden. An der Kreuzung der beiden Schenkel der Grünflache wurde das Washington Monument Memorial errichtet, welches als eines der Wahrzeichen Washingtons bekannt ist. Beide Gebäude wurden auf einer Erhöhung errichtet. Durch die weite Entfernung wurde einerseits die Trennung der staatlichen Gewalten klar. Durch den Sichtkontakt aufgrund der Hügel, konnte allerdings gezeigt werden, dass die Gewalten auf Augenhöhe arbeiteten. Die Mall, das wichtigste Element des Stadtplans, sollte „als baumbestandene Promenade der ‚allgemeinen Erholung' dienen und auf beiden Seiten von Gebäuden wie Theater, Akademien oder Versammlungsstätten flankiert sein" und „die gebildeten anziehen und dem Müßiggänger Zerstreuung bieten"[8]. Die Mall, das Zentrum der Stadt, erinnert stark an die Grundzüge des Grand Canal in Versailles.

Im Laufe der Bauzeit kam es allerdings immer öfter zu Meinungsverschiedenheiten zwischen L'Enfant und dem, für den Bau verantwortlichen, Rat. Als der Architekt das Grundstück einer einflussreichen Persönlichkeit dem Erdboden gleich machen ließ, sah George Washington keine andere Möglichkeit als L'Enfant von all seinen Diensten zu entbinden.

<u>2.3 Der McMillan Plan</u>

Als Nachfolger wurde kein einzelner Architekt gewählt, sondern ein Ausschuss von Politikern, angeführt von dem Senator James McMillan. Doch der alte Plan sollte im Großen und Ganzen erhalten bleiben. Einige Änderungen wurden jedoch gemacht: Das Mall Gebiet wurde durch Landgewinnung aus dem Potimac auf ein Kreuz erweitert, dessen neuen Enden durch das Lincoln Memorial und das Thomas Jefferson Memorial verziert wurden[9]. Darüber hinaus wurde ein Verwaltungskomplex eingerichtet, der sich über die dreieckig verlaufenden Straßen Pennsylvania Avenue, 15th Street und der Mall erstreckt[10]. Ein Kunst-Ausschuss wurde berufen, um sich mit der Gestaltung von Brücken, Parks und Gemälden in der Stadt zu beschäftigen. Auch siedelten sich mit der Zeit Kunst- und Wissenschaftsorganisationen an, die die Stadt durch ihre auffälligen Gebäude und Museen schmücken[11].

---

[8] Ochs, Haila; S.42
[9] Vgl. Abbildung 2
[10] U.S. National Park Service; S.3
[11] Gerste, Roland.; S.6

2.4 Washington Heute

In der Moderne ist die Stadt Washington immer noch durch markante Merkmale geprägt: Das parallele und rechtwinklige Straßennetz mit den durchkreuzenden Avenues, die Höhenbegrenzung der Gebäude auf 160ft (ca. 50m), und die vielen Denkmäler. Mittlerweile sind Hauptverkehrsstraßen zu Einbahnstraßen geworden, die morgens nur stadteinwärts und nachmittags nur stadtauswärts befahren werden dürfen. Doch natürlich gibt es auch Kritikpunkte an der Stadt. Hier wäre zu erwähnen, dass durch die im spitzen Winkel kreuzenden Avenues, kein einheitliches Straßenbild vorhanden ist. Die Avenues, die Alleen gleichen sollten, werden in unregelmäßigen Abständen von Straßen gekreuzt. Dadurch ist keine durchgehende Gebäudefront zu erkennen, worin sich der Alleecharakter verliert. Zudem sind die Häuer teils parallel zur Avenue erbaut, teils parallel zu den senkrecht oder waagerecht verlaufenden Straßen. Auch dies schadet dem Charakter der Gebäudefronten. Darüber hinaus entstehen durch die vielen Kreuzungen in spitzen Winkeln ‚Plätze', die nicht genutzt werden können, weil sie für die Bebauung zu klein sind. Schaut man sich diese Kreuzungen genauer an, sind viele derer nur mit Grass bewachsen oder Büsche[12].

Doch alles in allem wird Washington, die einzige Planstadt Amerikas, als Meisterwerk der Architektur und Kunst bezeichnet. Geprägt vor allem durch die vielen Denkmäler, die leicht zu finden sind, da Straßen und Plätze auf sie gerichtet sind. Doch nicht nur Monumente oder Statuen sind die Denkmäler, sondern auch die Kombination des ganzen Stadtbilds wird als Denkmal bezeichnet:

„Si monumentum requiris, circumspice"[13]

---

[12] Hegemann, Werner; S.286
[13] Gerste, Roland.; S.7

3. Canberra – Stadtentwicklung im Angesicht vieler Probleme

3.1 Walter Burley Griffins Konzept

Nachdem sich 1901 die sechs britischen Kolonien Australiens vereint hatten, begann die Suche nach einer gemeinsamen Hauptstadt. Sowohl Sydney als auch Melbourne, die beiden größten und wichtigsten Städte Australiens, meldeten beide ihren Anspruch auf den Sitz der Regierung an. Melbourne wollte jedoch um keinen Preis Sydney als Hauptstadt anerkennen. Selbiges galt Sydney. Aus diesem Streit resultierte die Idee der Neugründung einer Stadt, die als Hauptstadt dienen sollte. Doch auch die Suche nach der richtigen Lage stellte sich als sehr schwer heraus. Melbourne äußerte, dass die Hauptstadt mindestens 100 Meilen von Sydney entfernt sein müsste. Zudem sollte die Stadt durch breite Straßen geprägt sein, über eine gute Abwasser-Entsorgung verfügen und zudem mit dem neu erfundenen Flugzeug zu erreichen sein. Der damalige Innenminister King O'Malley sprach sich deutlich für eine Errichtung in der Snowy Mountain Area aus, und wünschte, dass die neue Hauptstadt mit Londons Einwohnerzahlen, Paris' Schönheit, Athens Kultur und Chicagos Wirtschaft konkurrieren könnte. Sieben Jahre später stand fest, dass Canberra in der Snowy Mountain Area 100 Meilen von Sydney errichtet würde. Daraufhin wurde ein internationaler Wettbewerb um das Design ausgeschrieben. Von 137 Bewerbern konnte sich der Amerikaner Walter Burley Griffin durchsetzen[14]. Griffin war zu diesem Zeitpunkt 35 Jahre alt und hatte sein Architekturstudium an der University of Illinois, USA abgeschlossen.

Für die Gestaltung der Hauptstadt überlegte sich Griffin, sei moderne Architektur notwendig, doch orientierte er sich ebenfalls an der amerikanischen Hauptstadt Washington. Er teilte die Stadt in drei wichtige Gebiete ein: Das Regierungsviertel im Süden, das kommunale Viertel im Norden und das Marktplatzviertel im Osten der Stadt[15]. Das jeweilige Zentrum dieser Gebiete stellte ein Berg oder eine Erhöhung dar, auf denen, ähnlich wie in Washington, die Regierungsgebäude platziert wurden. Diese waren durch weite und bepflanzte Alleen verbunden die teilweise über die Seenlandschaft zwischen den Zentren gebaut werden musste. So wurde die Sicht von den Straßen auf die Achsen der Regierungsgebäude gelenkt. Zudem liefen Straßen von diesen drei Zentren ab, die in die Natur führten, wodurch die Verknüpfung von Stadt und Natur herge-

---

[14] Metcalf, Andrew: S.7ff
[15] Vgl. Abbildung 3

stellt werden sollte[16]. Zudem orientierte sich Griffin an zwei natürlichen Achsen der Umgebung: Zum einen der durch die Seenlandschaft entstehende Süd-Ost Achse und zum anderen durch die Landachse, die die Seen-Achse rechtwinklig kreuzt. In den drei Zentren sollten alle Gebäude parallel zu den Achsen ausgerichtet werden, damit jedes Gebäude an einem Zeitpunkt des Tages von der Sonne erreicht wurde[17].

Auch für die Wohnsiedlungen hatte Griffin einen neuartigen Plan: Wohnhäuser sollten ohne Vorgärten errichtet werden und um eine Grünfläche angeordnet. „Damit entsteht ein Gebiet mit niedriger Einwohnerdichte, das dennoch urbanen Charakter aufweist"[18]. Diese Eigenschaften sollten die Lebensqualität der Menschen durch Grünflächen steigern, aber dennoch die Vorteile der Stadt beinhalten. Die Wohnblocks gestaltete Griffin nicht. Er ließ diese als blanke Stellen in den Plänen, um den Einwohnern die Gestaltung derer selbst zu überlassen. Zudem sollte in jedem dieser Wohneinheiten (neighbourhoods), die eine über eine eigene Infrastruktur verfügen, „Häuser unterschiedlicher Preislagen gebaut werden, um somit eine Aufteilung der Gebiete on verschiedene soziale Schichten zu vermeiden"[19]. Griffin war demnach nicht nur um die Architektur der Stadt, sondern auch um soziale Verflechtungen und alltägliche Disparitäten bedacht.

3.2 Die Bauphasen

Als die Errichtung der Stadt, die ihren Namen den Aborigines verdankt, in den 20er Jahren begann, „lebten in dem 2358 Quadratkilometer großen Gebiet 1714 Menschen, allesamt europäische Einwanderer, 8400 Rinder und 225.000 Schafe"[20]. Die Natur des Gebiets war größtenteils unbelassen und wenig besiedelt. Große Flächen wurden für landwirtschaftliche Nutzung gebraucht. Schon früh in der Bebauungsphase wird klar, dass die Errichtung der Hauptstadt viele Probleme mit sich bringt: Griffin setzt sich für eine primäre Einrichtung der Infrastruktur ein und fordert eine weitsichtige Planung. Seine Behörde hingegen möchte eine erste Kernstadt errichten, um zu zeigen, dass die Bauphase aktiv anläuft. Griffin kann dies nicht stoppen und so wird bald ein erstes Zentrum im Osten errichtet, welches im gesamten Bauprozess nie vollständig in die Stadt integriert werden kann. Später werden Griffin Gelder gestrichen, die zur Finanzierung des 1.Weltkrieges benötigt werden. Somit wird die vorgesehene Ausschreibung zur Planung des Parlamentgebäudes nicht realisiert. Die Zusammenarbeit zwischen der

---

[16] Sohn, Nadine: S.6
[17] Metcalf, Andrew: S.11
[18] Sohn, Nadine: S.7
[19] Sohn, Nadine: S.8
[20] Fischer, Gerhard

Planungsbehörde und dem Architekt wird immer schlechter und so trennt man sich 1920 von Griffin, der daraufhin nach Indien auswandert. In der Nachkriegsphase wird der Bau durch einen neuen Ausschuss unter der Leitung von John Sulman wieder angekurbelt, doch es fehlen immer noch Gelder. Es werden Abweichungen von dem ursprünglichen Plan vereinbart: Straßen werden schmaler, Häuser flacher und Wohnblocks auf gleichem Mietniveau errichtet. Dies bringt soziale Probleme mit sich, die bis in die Moderne reichen. „So wandelt sich Griffins Konzept einer außergewöhnlichen Stadt mit urbanem Charakter zu einem Plan mit Vorstadtcharakter, wie dies Sulmans eigenen Idealen entspricht"[21]. Im Laufe des zweiten Weltkriegs wächst die Bedeutung und somit die Population der Stadt Canberras. Der Ruf nach einer zentralen Regierungsstadt wird laut, und trotz erneuter Kapitalkürzungen werden alle Regierungsämter samt Mitarbeiter nach Canberra verlegt. Bis 1955 wächst die Bevölkerung auf 35.000[22]. Doch dieser Zuwachs birgt auch seine Probleme: Im Innenstadtbereich ist die Nachfrage nach Wohnungen und Häusern größer als das Angebot, was zu hohen Mieten und Kaufpreisen führt. Viele Einwohner zieht es jetzt in Vororte, die sich teils zu Slums entwickeln. Ab 1957 wird die Stadt finanziell stark unterstützt, da das Projekt Canberra zum Schluss kommen soll. 1960 nimmt die Entwicklung der Stadt dann eine Wendung: Dominierte in den letzten Jahrzehnten der Faktor ‚Praxis' die Entwicklung, wird nun wert darauf gelegt, dass Canberra einmalig, wird, wie es sich für die Hauptstadt eines Landes, bzw. eines Kontinents gehört. Die Seen im Zentrum werden aufgestaut, Einkaufs- und Gewerbe flächen werden außerhalb der Stadt errichtet und durch Schnellstraßen verbunden.[23]. Generell wird, wenn auch spät, wieder wert auf die Ideale des Plans Griffins gelegt. Bis 1989 vergrößert sich die Population auf 300.000[22] und bis 2010 auf 350.000 Einwohner.

3.3 Heutige Situation der Stadt

In der Moderne muss Canberra immer wieder den Status der Hauptstadt rechtfertigen. Die Stadt der Beamten, die über keinen internationalen Flughafen verfügt, ist von ihrer Entwicklung geprägt: Immer wieder fehlten Gelder und Stadtplaner und Architekten konnten oft mit der Errichtung von Wohnflächen für die wachsende Bevölkerung nicht mithalten. Im Volksmund wird Canberra oft als charakterlos beschrieben. Doch es bleibt zu sagen, dass die Stadt vermutlich ein deutlich besseres Ansehen hätte, wenn

---

[21] Sohn, Nadine: S.9
[22] Metcalf, Andrew: S.14f
[23] Fischer, Gerhard

Griffins Pläne eingehalten worden wären und finanzielle Krisen geringer ausgefallen wären. Durch ihre multikulturellen Einflüsse von 60 ethnischen Gemeinden und mehreren internationalen Festen im Stadtkalender und die gute Infrastruktur gilt Canberra jedoch auch als eine Stadt, die für Staatsbeamte und Familien von Botschaftern durchaus einen respektablen Lebensort darstellt. Abschließend ist festzustellen, dass Canberra schon vor der Grundsteinlegung im Schatten von Sydney und Melbourne stand und vermutlich niemals in der Lage sein wird, sich aus diesem zu lösen.

4. Lingang New City – Die Stadt aus dem Tropfen

4.1 Modernes Konzept einer Stadtneugründung

Als das GMP Büro (Gerkan, Marg und Partner) 2002 an einem Projekt arbeitete, um bei dem Wettbewerb um die Planung einer Stadtneugründung am Hafengebiet Shanghais vorzulegen, sollte der Plan von modernem Design geprägt sein, doch auch historische Elemte enthalten. In erster Linie sollte jedoch eine Stadt gebaut werden, die in allen Punkten einen extrem hohen Lebensstandard aufwies und einen Lösungsansatz

zur Unterbringung einer urbanisierenden Gesellschaft darlegt.

Nach sechs Wochen Bearbeitungszeit legte das Hamburger Architekturbüro einen Plan dar, der unter dem Slogan „Luchao – Eine Stadt aus dem Tropfen[24]" stand. Die Struktur dieser Stadt sollte den konzentrischen Kreisen eines ins Wasser fallenden Tropfens gleichen und zugleich die Hamburger Alster als Beispiel beinhalten. Bei Abgabe der ersten Pläne wurde bekannt, dass die Stadt anstatt ehemals 300.000 Einwohnern nun 800.000 Einwohner beherbergen sollte. Somit wurden den Planern drei zusätzliche Monate Planungszeit zugesichert. Schließlich wurde ein Konzept dargelegt, welches in der Geschichte der Stadtneugründungen sei-

---

[24] Später zu Lingang (New) City geändert

nes gleichen sucht:Das 60 km südlich von Shanghai gelegene Gebiet, auf dem Lingang entstehen sollte, wurde durch neue Dämme aus dem Meer trocken gelegt. Im Anschluss wurde dann ein kreisrunder See mit einem Durchmesser von 2,5 km ausgehoben, der das Zentrum der Stadt bildet. Es „gliedern sich die Nutzungsstrukturen in konzentrischen Ringen von innen nach außen um den zentralen Lake Luchao"[25] (vgl. Abbildung 4). Der See wird von einer Promenade und einem Badestrand eingegrenzt. Diese soll als Erholungsraum dienen und Restaurants, Bars und Verkaufsräume aufweisen. Der nächste Ring ist der Stadt-Ring. Dieser „bildet das Zentrum des städtischen Lebens. Hier befinden sich in Mischnutzung Büros, Geschäfte, Einkaufspassagen, Fußgängerzonen und verdichtetes Wohnen"[26]. Dieser Ring ist, außer für die öffentlichen Verkehrsmittel, verkehrsfrei und ist durch eine Vielzahl an Einkaufsmöglichkeiten geprägt. Weiter außen, im direkten Anschluss an den City-Ring befindet sich der Stadtpark. Dieser besteht aus Grünflachen und Kanälen. Außerhalb dieses Ringes beginnen die eigentlichen Wohnblocks. Jeder der 14 Wohnquartiere ist einerseits durch eine individuelle Gestaltung geprägt: Die öffentlichen Flächen und Parks werden nach dem Vorbild internationaler Hafenstädte entworfen. Auf der anderen Seite sind alle Wohnblocks durch gleiche Materialien und Bauvorgaben so gestaltet, dass trotz ihrer Individualität eine gewisse Einheit der verschiedenen Bereiche entsteht. Jeder dieser Wohnblocks verfügt über eine eigene Infrastruktur und ist autark und unabhängig von den benachbarten Einheiten[27]. Ein weiteres einzigartiges Merkmal des Architekturbüros war der Entwurf eines 300m hohen Turms in der Mitte des Lake Luchao. Dieser Turm sollte durch eine Nebelmaschine ständig einen Tropfen Wasser über der Stadt repräsentieren. Ob dieser Turm tatsächlich gebaut wird oder nur eine Vision bleibt, ist bis heute offen. Doch auch ohne diesen besonderen Tropfen spielt das Element Wasser eine sehr wichtige Rolle in der Existenz Lingangs.

4.2 Die Bedeutung von Wasser in Lingang New City

Die verschiedenen Ringe der Stadtstruktur werden von radialen, vom See ausgehenden Flüssen und Kanälen gekreuzt. Diese sollen nicht nur die Hafenlage in alle Gebiete verlagern. Sondern sie dienen auch zur aktiven Wasserversorgung der verschiedenen Wohngebiete. Diese spielt eine sehr wichtige Rolle, da das Klima im Raum Shanghai sehr heiß und tropisch ist. Ein weiterer Faktor, der zum Entschluss führte Lingang an

---

²⁵ Gerkan, Marg und Partner; S. 48
²⁶ Werkle; S.52
²⁷ Werkle; S.53f

dieser Stelle zu bauen, war, dass der Containerhafen von Shanghai mit einer Wassertie-
fe von sieben Metern für größere Containerschiffe nicht schiffbar ist. Somit sollte an
den vor Lingang gelagerten Inseln „Big und Little Yangshan" der Yangshan Tiefseeha-
fen enststehen, welcher bis 2020 zwischen 33 und 35 Liegeplätze haben und mehr Con-
tainer als jeder andere Hafen der Welt umschlagen soll. Dies soll Industrie im Raum
Shanghai noch günstiger und somit konkurrenzfähiger auf dem Weltmarkt machen.
Zudem werden durch den neuen Hafen viele neue Arbeitsplätze geschaffen, da pro Lie-
geplatz in der Regel ca. 27.000 Arbeitsplätze entstehen[28].

4.3 Heutige Einschätzung des Projekts

Das Projekt Lingang soll bis zum Jahr 2020 abgeschlossen worden sein. Das Land auf
dem die Stadt errichtet werden soll, ist komplett trocken gelegt worden und der See
ausgehoben. Zudem ist der Promenadenbereich weit fortgeschritten („Auf der Seepro-
menade sind schon Palmen und Stiefmütterchenrabatten gepflanzt, und auf der inneren
Rundstraße schalten die Ampeln"[29]). Zudem sind schon einige Firmen in Lingang an-
sässig geworden, andere planen ihr Folgen in naher Zukunft. Bewohnt ist die Stadt bis-
her nur von Arbeitskräften, die in Container-Siedlungen leben. Doch bis 2020 soll die
Stadt auf fast eine Million Einwohner anwachsen. Dies scheint einfach zu erreichen, da
die Behörden jetzt schon mit günstigen Wohnungsmieten und Steuervorteilen werben,
um die Stadt so schnell wie möglich besiedeln zu können. Darüber hinaus dürfen nun
auch Europäische Investoren Immobilien kaufen, ohne über einen chinesischen Partner
zu verfügen.

Abschließend bleibt zu sagen, dass Lingang, wenn die Entwicklung weiterhin fort-
schreitet, in zehn Jahren ein Denkmal der Städteplanung geworden sein wird. Wenn
allerdings in der weiteren Bauphase Änderungen getroffen werden müssen, droht die
Kombination aus einzigartigem Design und wirtschaftlicher Bedeutung verloren zu
gehen. Eine strenge Einhaltung des Planes würde diesen Komfort hingegen versichern,
auch wenn heute noch ungewiss ist, wie der Lebensstandard in einer derartigen
„Design-Metropole" zu beurteilen ist.

---

[28] Werkle; S.65f
[29] Werkle; S.57

<u>5. Schlusswort</u>

Nach ausgiebiger Analyse der drei, sich stark differenzierenden, Stadtneugründungs-projekten, ist klar geworden, dass sich Washington, Canberra und Lingang New City nicht nur in ihrem Konzept und ihrer Lage unterscheiden, sondern auch in ihrer Ent-wicklung:

Während Washingtons Entwicklung durch einen Plan maßgeblich geprägt ist, trafen in Canberra viele verschiedene Pläne und Ausführungen aufeinander. Grund dafür waren die mangelnden finanziellen Mittel der Australischen Regierung. Somit konnte das, von Griffin entworfene, einheitliche Konzept nicht eingehalten werden und die Stadt ent-wickelte sich, laut Reiseführern, zu einer Stadt ohne Gesicht oder einer reinen Verwal-tungsstadt. Washington hingegen hielt sich streng an den L'Enfant Plan und später an McMillans Plan, der sich nah an dem seines Vorgängers orientierte. Die Entwicklung Washingtons wurde jedoch immer wieder durch Kriege und ähnliches gestört. Trotz-dem gelang es, eine Stadt aufzubauen, die in vielerlei Hinsicht als Denkmal zu werten ist. Lingang stellt ein modernes Gegenkonzept dar, das im Gegensatz zu den anderen beiden Beispielen, nicht als Hauptstadt agieren muss. Hier wird sehr viel wert auf De-sign, doch auch auf Funktionalität gesetzt. Bis jetzt verliefen die Bauphasen reibungs-los. Es bleibt allerdings offen, ob GMPs Plan genau umgesetzt wird und ob es aufgrund finanzieller Kürzungen zu Änderungen kommen werden muss.

Abschließend bleibt zu sagen, dass eine Stadtneugründung nur dann zu einer, aus Sicht der Städteplanung, einzigartigen Stadt werden kann, wenn zwei wichtige Faktoren er-füllt sind: Zum einen muss ein sicheres Kapital vorhanden sein, damit möglichst wenig Einssparungen gemacht werden müssen. Zum anderen, teils mit den finanziellen Mit-teln verbunden, muss der Plan des Architekten streng eingehalten werden. Jeder Städte-planer überlegt sich ein Design für die Stadt. Dieses ist durchgängig geplant und durch mehrere verschiedene, aber wohl gewählte Stile geprägt. Wird nun von diesem Plan abgewichen, droht die Stadt das, von dem Architekt gewählte Gesicht zu verlieren, wie es am Beispiel von Canberra deutlich wird.

<u>6. Literaturverzeichnis</u>

Fischer, Gerhard (2009): „Die ungleichen Schwestern" URL:
    http://www.sueddeutsche.de/reise/76/453764/text/ [20.2.2010]

Gerkan, Marg und Partner: LUCHAO – Aus einem Tropfen geboren. *Architecture for China* 1.Auflage. Altenburg: DZA Verlag, 2003.

Gerste, Roland D. (2000): „Die neue Hauptstadt". URL:
    http://www.zeit.de/zeitlaeufte/washington?page=all [17.2.2010]

Hegemann, Werner / Elbert, Peets: *The American Vitruvius. An Architects' Handbook of Civic Art*. New York: Princeton Architectural Press, 1988.

Hesse, Michael: Stadtarchitektur. *Fallbeispiele von der Antike bis zur Gegenwart.* 1.Auflage. Köln: Kunst, Theorie & Praxis GmbH & Co. KG,   2003

Metcalf, Andrew: *Canberra Architecture*. Sydney: The Watermark Press, 2003.

Ochs, Haila: „Hauptstadtplanungen waren schon immer optimistisch. Der Sitz der Regierung in Washington D.C. und die Geschichte der Mall". In: *Bauwelt* 22/2001, S. 40

Sohn, Nadine: „Canberra – Inszenierung einer Stadt über 90 Jahre". Studienarbeit Nürnberg, Universität, 2003.

U.S. National Park Service (2007): The L'Enfant and McMillan Plan.URL:
    http://www.nps.gov/history/NR/travel/wash/lenfant.htm [15.2.2010]

Werkle, Horst: „Bauen in China. China-Exkursion 2008 der Fakultät Bauingenieurwesen der HTWG Konstanz". Exkursionsreport Konstanz, Hochschule, 2008.

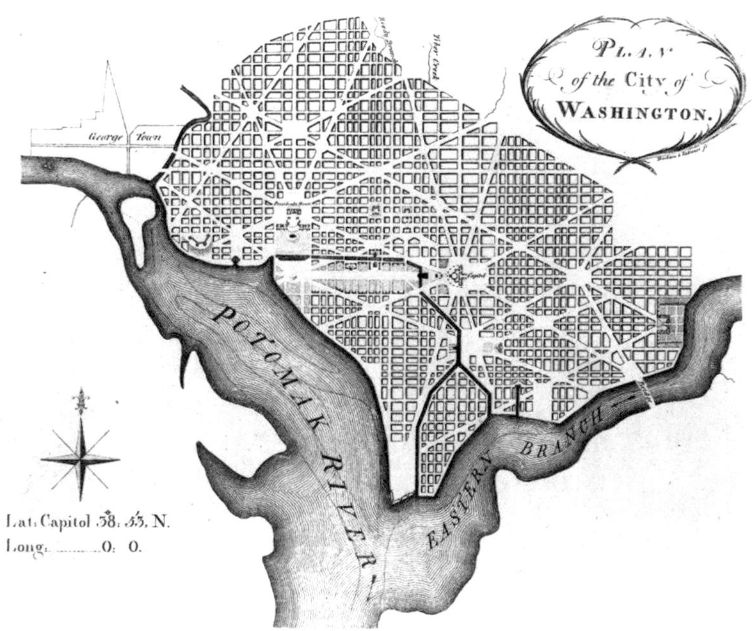

Abbildung 1 (http://www.brynmawr.edu/Acads/Cities/wld/05830/05830a.jpg)

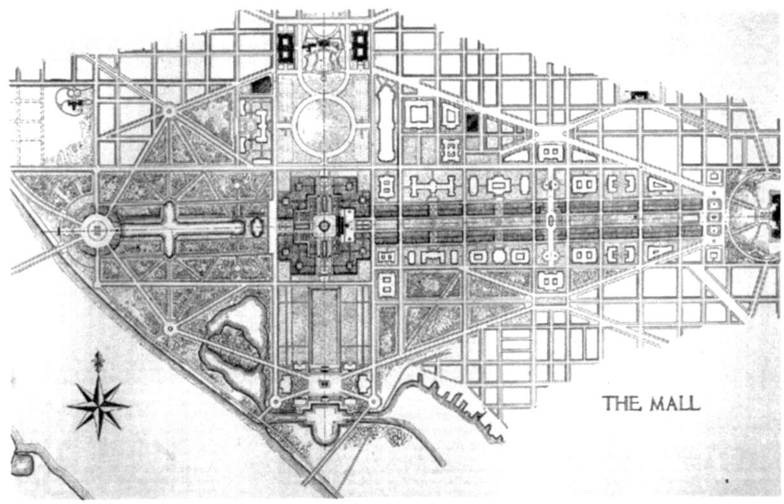

Abbildung 2 (http://www.arch.virginia.edu/dcplaces/dcmall/images/dcmall/mcmillan1.jpg)

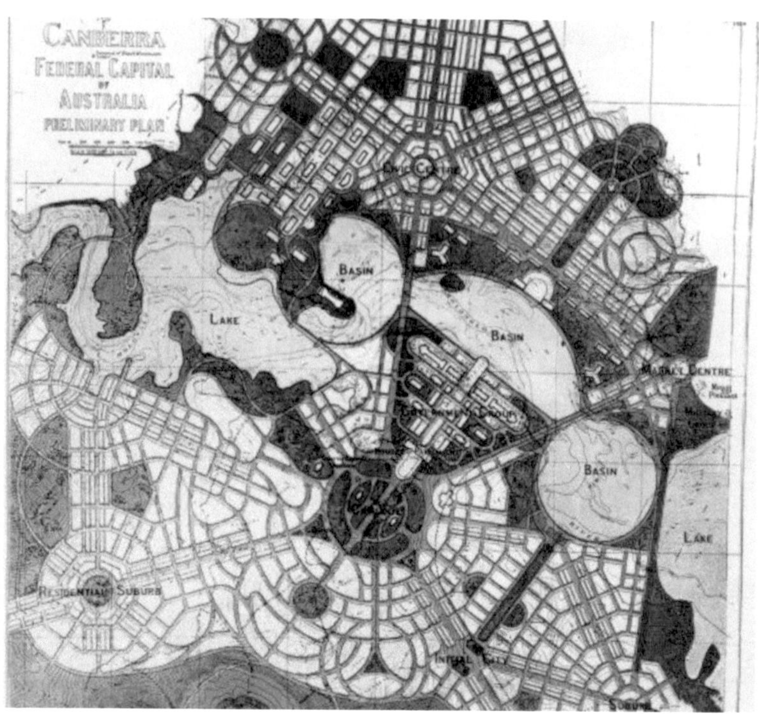

Abbildung 3 (http://www.sydneyarchitecture.com/images/2367121067_515aa5ec42.jpg)

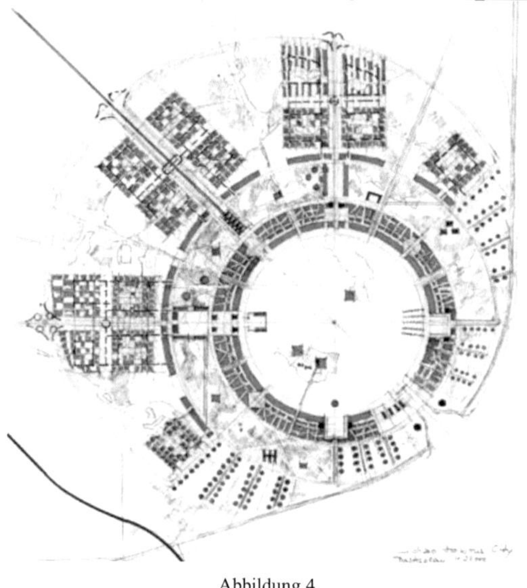

Abbildung 4
(http://www.designbuild-network.com/features/feature_images/feature2163/5-lingang-new-city.jpg